AF252647

ANALYSE

DE

L'EAU MINÉRALE ACIDULE FERRUGINEUSE

D'OREZZA;

PAR M. POGGIALE,

Pharmacien en chef,
Professeur de chimie à l'Ecole impériale de médecine
et de pharmacie militaires du Val-de-Grâce.

PARIS,

IMPRIMÉ PAR HENRI ET CHARLES NOBLET,

RUE SAINT-DOMINIQUE, 56.

—

1854

ANALYSE

DE L'EAU MINÉRALE ACIDULE FERRUGINEUSE

D'OREZZA.

La Corse possède un nombre considérable d'eaux minérales; on rencontre en effet, dans plusieurs localités de cette île, des eaux sulfureuses alcalines chaudes. des eaux sulfureuses calcaires froides, des eaux salines thermales, des eaux ferrugineuses aci-dules et des eaux ferrugineuses sulfureuses. Parmi ces sources, les plus estimées sont celles de Saint-Antoine de Guagno, de Pietra-Pola, de Puzzichello, de Guitera, de Tallano, de Caldaniccia, de Bologna et d'Orezza.

Ces sources sont peu connues; malgré leur belle situation, la douceur du climat, les sites pittores-ques et une incontestable supériorité sur les eaux mi-nérales les plus célèbres du continent, elles ne sont employées que par les habitants du pays. D'où vient cet abandon ? Pourquoi allons-nous chercher à l'é-tranger les bienfaits des eaux minérales, des bains de mer et d'un climat plus doux ? C'est que les eaux, comme toutes les choses de ce monde, ont des répu-tations usurpées, et qu'elles attirent souvent la foule moins par leurs propriétés thérapeutiques que par les plaisirs qu'on y trouve. Il faut ajouter aussi que la plupart des sources de la Corse, situées au milieu des montagnes, sont d'un accès difficile, et n'ont pas de logements commodes pour abriter les malades. Je fais donc des vœux pour que le conseil général de ce département s'empresse de rendre les communications plus faciles, et de créer des établissements pour les baigneurs.

La source la plus remarquable par sa composition, par sa rareté, par sa position géographique et par ses effets thérapeutiques, est, sans contredit, celle d'Orezza. Cette eau, qui est très-abondante, et dont l'usage remonte à la plus haute antiquité, est employée avec le plus grand succès contre les chloroses et les affections du tube digestif et des viscères abdominaux.

Elle est très-fréquentée par de pauvres malades qui y vont pour recouvrer la santé, et par les habitants aisés d'Ajaccio, de Bastia, de Calvi, etc., qui quittent le littoral pendant les chaleurs de l'été, pour aller chercher la fraîcheur dans les montagnes. Malheureusement, il n'existe pas à Orezza d'établissement thermal pour recevoir les malades, qui sont obligés de se loger dans les villages voisins. C'est un grave inconvénient dont le conseil général de la Corse s'est vivement préoccupé ; aussi a-t-il décidé qu'un établissement serait construit par les soins de M. Paoli, concessionnaire de ces eaux pour quatre-vingt-dix-neuf années, et lui a-t-il imposé les conditions suivantes :

1° Construction d'un pavillon et d'aqueducs pour les eaux pluviales et minérales ;

2° Création d'un établissement de bains avec tous les travaux d'embellissement ;

3° Construction d'un bâtiment destiné au logement des baigneurs ;

4° Enfin, un service constant d'omnibus de ce dernier établissement aux bains, et réciproquement.

Le bâtiment sera construit à la place de l'ancien couvent de Piedicroce, qui a servi pendant longtemps aux réunions populaires qui se sont succédé en Corse.

Le général Paoli s'y retirait souvent, et plusieurs *consulte* y ont été tenues. Le concessionnaire s'est obligé, vis-à-vis le conseil général, d'y établir seulement cinquante chambres à coucher, mais il se propose d'en faire construire de quatre-vingts à cent. C'est dans ce couvent que, sur la demande de Zannitini, médecin en chef des hôpitaux militaires de la Corse, on plaça, en 1800, un dépôt de convalescents où l'on recevait les soldats malades de tous les hôpitaux militaires de l'île. Il serait à désirer qu'un semblable dépôt fût rétabli pour nos soldats de l'armée d'Afrique.

L'eau d'Orezza, qui jaillit dans le canton de Piedicroce, à 30 kilomètres environ de Bastia, et à une faible distance de la mer, s'échappe d'un rocher et vient se rendre dans une cuvette de granit. Cette belle source est admirablement située. De hautes montagnes, couvertes de neige jusqu'au commencement de l'été, l'entourent de tous côtés. Les environs présentent une grande variété de promenades abritées par de magnifiques châtaigniers. Les montagnes et les vallées offrent à la vue de beaux paysages et des sites pittoresques. Le buveur, se promenant sous un véritable dôme de verdure, peut, si ses goûts et ses connaissances le lui permettent, se livrer à l'étude de la géologie, de la minéralogie et de la botanique. Les eaux d'Orezza se présentent, en outre, dans les conditions climatologiques les plus heureuses. On y trouve la beauté du ciel de l'Italie, et, pendant la saison des eaux, une température d'une douceur constante.

M. Ossian Henry a analysé, en 1847, l'eau minérale d'Orezza, sur la demande de M. le Ministre de la guerre, qui faisait alors rechercher si, parmi les nombreuses sources thermales que possède la Corse, il ne s'en trouverait pas qui fussent dans des conditions convenables à l'établissement d'un hôpital militaire thermal. L'habileté bien connue de ce chimiste, la juste réputation qu'il s'est acquise dans l'analyse des eaux minérales, m'auraient déterminé à refuser l'honneur qu'on m'a fait en me confiant ce travail, si M. Henry lui-même ne m'avait vivement engagé, au contraire, à l'entreprendre. Il m'a fait remarquer, en effet, qu'aucun essai n'a pu être fait à la source même (1), que l'acide carbonique n'a pas été fixé, que les échantillons sont arrivés à Paris en partie modifiés et altérés, et que les résultats qu'il a obtenus ne peuvent servir que de simples indications, comme il l'a déclaré dans son rapport.

En 1833, M. Laprévotte, pharmacien militaire plein de zèle et de savoir, avait essayé déjà de faire à la source l'analyse de l'eau d'Orezza ; mais il était dépourvu de balances de précision, de vases de platine, de réactifs purs, et de tous les instruments nécessaires à une bonne analyse, de sorte que son travail laisse beaucoup à désirer.

L'analyse de Vachez et Castagnoux, officiers de santé militaires, faite en 1776, n'a que le mérite d'être le premier travail qui ait été publié sur les eaux minérales d'Orezza. Ces observateurs n'ont déterminé ni la nature, ni la proportion des gaz, et le dosage des principes fixes se ressent singulièrement de l'époque à laquelle il a été exécuté. Ainsi, les principes fixes seraient formés, suivant eux, de chlorure de sodium, 0,03 ; chaux, 0,30 ; fer, 0,04 ; argile, 0,59. Nous verrons que ces chiffres ne représentent nullement la composition de l'eau d'Orezza.

La vallée où jaillissent les eaux gazeuses acidules d'Orezza est arrosée par plusieurs sources. Les deux principales portent les noms de *source d'en haut* et de *source d'en bas (sorgente soprana* et *sorgente sottana*).

La première, qui jaillit à 150 mètres environ de l'autre, a une odeur caractéristique d'acide sulfhydrique et contient aussi beaucoup d'acide carboni-

---

(1) T. xii du *Bulletin de l'Académie de Médecine.*

que. La source d'en bas se distingue par l'absence complète d'acide sulfhydrique. Elle s'échappe d'un rocher en bouillonnant, et laisse dégager de grosses bulles d'acide carbonique.

ANALYSE QUALITATIVE.

L'eau d'Orezza, examinée à la source, est d'une limpidité parfaite ; sa saveur est aigrelette, piquante et très-agréable à boire. Son poids spécifique égale 0,99839 ; sa température est de 15°, celle de l'atmosphère étant de 22°. Cette température a été prise en plongeant dans l'eau un thermomètre et notant les degrés au-dessous du liquide. Elle pétille comme les vins mousseux. Suivant M. Naudin, pharmacien militaire, lorsqu'on remplit à la source une bouteille de cette eau et qu'on la bouche, le bouchon saute, comme avec de l'eau de Seltz gazeuse. Si on met cette eau en ébullition, on observe un dégagement considérable d'un gaz qui, étant recueilli, est presqu'entièrement absorbé par la potasse, et qui offre tous les caractères de l'acide carbonique. A mesure que ce gaz se dégage, l'eau se trouble, et il se forme un dépôt d'un blanc rougeâtre composé de carbonates de chaux, de magnésie, et de peroxyde de fer. Celui-ci existe dans l'eau avant le contact de l'air, à l'état de carbonate de protoxyde de fer.

Exposée à l'air, cette eau se couvre d'une pellicule irisée, se trouble et fournit un dépôt rougeâtre, formé en grande partie de carbonate de peroxyde de fer. Les carbonates de chaux et de magnésie se précipitent ensuite. A la source, on observe un semblable dépôt le long des canaux que l'eau parcourt.

Cette eau conserve longtemps sa limpidité dans des bouteilles bien bouchées; si, au contraire, elles sont mal bouchées, il s'en échappe une certaine quantité de gaz, et il se produit un dépôt de carbonates.

La teinture de tournesol mêlée avec cette eau a pris immédiatement une teinte vineuse très-prononcée. Le papier de tournesol, rougi par les acides, n'a offert rien de particulier.

Une dissolution d'azotate d'argent donne naissance à un dépôt très-abondant, soluble, en très-grande partie, dans l'acide azotique.

Si on ajoute une solution de chlorure de barium à cette eau préalablement acidulée par l'acide chlorhydrique, il se forme par une agitation prolongée un faible précipité de sulfate de baryte.

J'ai vainement recherché l'iode et le brôme par les procédés connus et que j'ai souvent employés dans les nombreuses analyses d'eaux minérales ou d'eaux potables que j'ai faites depuis quelques années.

Cette eau a donné:

1° Avec l'ammoniaque, un précipité très-abondant de carbonates de chaux, de magnésie et de fer;

2° Avec le cyanoferrure de potassium, un précipité bleu;

3° Avec la teinture de noix de galle, l'acide tannique et le sulfhydrate d'ammoniaque, un précipité noir très-abondant : ce précipité, chauffé au chalumeau, a donné du peroxyde de fer;

4° Avec l'hydrochlorate d'ammoniaque et l'oxalate d'ammoniaque, un dépôt calcaire abondant; la liqueur, étant filtrée, a fourni par le phosphate de soude et l'ammoniaque du phosphate ammoniaco-magnésien;

5° Avec l'antimoniate de potasse ajouté à la liqueur concentrée et débarrassée de la chaux et de la magnésie, un précipité blanc;

6° Par le chlorure de platine ajouté à la liqueur concentrée, un précipité jaune serin très-faible, et un précipité blanc avec l'acide perchlorique;

7° L'eau de chaux ajoutée en excès donne naissance à un précipité blanc abondant.

On a versé une solution de carbonate de soude pur dans la portion soluble des principes minéralisateurs de cette eau, on a fait bouillir le mélange, on a ajouté à la liqueur filtrée du phosphate de soude et de l'ammoniaque, et, après quelques heures de contact, on a obtenu par l'action de la chaleur un dépôt blanc floconneux de phosphate ammoniaco-lithique.

On a dissous dans l'acide azotique les principes minéralisateurs insolubles dans l'eau, et on a évaporé la dissolution dans un creuset de platine, couvert avec un disque en verre, sur lequel on avait collé une feuille de papier découpé. Après l'opération, on observa que le verre était manifestement attaqué.

Il résulte de ces essais qualitatifs et d'autres qu'il serait trop long d'indiquer, que l'eau d'Orezza contient une quantité considérable d'acide carbonique, de carbonates de chaux, de magnésie, de fer, de manganèse et de cobalt, du sulfate de chaux, de l'alumine, de l'acide silicique, du fluorure de calcium, des sels de potasse. Les carbonates de chaux, de magnésie et de fer, etc., existent dans l'eau à l'état de bi-carbonates. Quelques chimistes admettent que fréquemment l'oxyde de fer se trouve combiné à la chaux dans les eaux minérales, à l'état de ferrate de chaux ; mais dans l'eau d'Orezza les résultats analytiques obtenus ne permettent pas de faire cette supposition.

ANALYSE QUANTITATIVE.

On a dosé les principes fixes, en faisant évaporer à une douce chaleur et avec les précautions convenables, 1000 grammes d'eau dans une capsule de porcelaine. On a terminé l'évaporation au bain-marie, et la dessiccation s'est opérée au bain d'huile, à la température de 130°. Par conséquent, les carbonates ont perdu dans ces expériences l'acide carbonique qui les constituait bi-carbonates.

Acide sulfurique. L'acide sulfurique se trouve dans cette eau en petite quantité, à l'état de sulfate de chaux. Pour en déterminer la proportion, on a versé du chlorure de baryum dans l'eau acidulée, et on a déduit la quantité de sulfate de chaux du sulfate de baryte obtenu.

Chlore. L'eau d'Orezza contient peu de chlore. On a dosé ce corps en ajoutant de l'acide azotique à une quantité déterminée d'eau, et en y versant une dissolution d'azotate d'argent. Le poids du chlorure d'argent lavé, desséché et calciné a fait connaître la quantité de chlore.

Acide silicique. On a traité plusieurs fois par l'acide azotique et l'eau le résidu de l'évaporation. La portion insoluble était formée d'acide silicique que l'on a pesé.

Chaux, magnésie et oxyde de fer. Ces trois bases existent dans l'eau d'Orezza à l'état de bi-carbonates. Pour en déterminer la proportion, on a précipité par l'ébullition les carbonates de chaux, de magnésie et de fer ; le précipité a été mis sur un filtre lavé à l'eau distillée, desséché et pesé. On l'a dissous ensuite dans l'acide chlorhydrique, puis on a précipité le peroxyde de fer par l'ammoniaque, la chaux par l'oxalate d'ammoniaque, après y avoir ajouté du chlorhydrate d'ammoniaque, et, enfin, la magnésie par le phosphate de soude et l'ammoniaque. Le peroxyde de fer a été dissous ensuite dans l'acide chlorhydrique et précipité de nouveau par la potasse , afin de séparer l'alumine dont on a reconnu la proportion, en ajoutant à la liqueur un léger excès d'acide chlorhydrique, du chlorhydrate d'ammoniaque et un excès d'ammoniaque. On a obtenu par les moyens que je viens d'indiquer, la chaux et la magnésie contenues dans la liqueur séparée par la filtration des carbonates.

Le dosage du fer offrant un grand intérêt, j'en ai reconnu la proportion par d'autres expériences, en agissant sur les matières fixes obtenues par l'évaporation de l'eau.

M. Naudin a fait connaître dans une thèse sur l'eau minérale d'Orezza, soutenue à Montpellier, en 1852, qu'il a trouvé dans cette eau 0,2834 d'oxyde de fer; mais ce chiffre est trop élevé. Il ajoute que les propriétés si vantées de ces eaux sont justifiées par leur composition, et particulièrement par la présence d'une quantité considérable d'acide carbonique et de fer.

Le peroxyde de fer est accompagné d'une proportion notable de manganèse qui se trouve sans doute dans l'eau à l'état de bi-carbonate de manganèse. On reconnaît très-facilement la présence de ce corps dans le peroxyde de fer, en le dissolvant et en faisant chauffer la dissolution avec un mélange de bioxyde de plomb et d'acide azotique étendu. Il se forme alors de l'acide permanganique, qui communique à la liqueur une belle teinte rouge. Cette réaction, très-sensible et caractéristique à la fois, m'a permis de reconnaître la présence du manganèse dans la plupart des eaux potables, dans l'eau de Seine, par exemple, ainsi que je le ferai connaître prochainement.

Arsenic. J'ai reconnu l'arsenic dans les boues et dans les résidus de l'eau d'Orezza, en les traitant à chaud par l'acide sulfurique étendu, et en évaporant le tout jusqu'à siccité. Le résidu de l'évaporation a été repris par l'eau; on a filtré la liqueur, et, après l'avoir concentrée, elle a été introduite dans l'appareil de Marsh, duquel se dégageait déjà de l'hydrogène pur. L'expérience étant terminée, on trouva, dans le tube horizontal, un anneau qui offrait tous les caractères de l'arsenic. Mais cet anneau était si faible, qu'on n'a pas essayé de déterminer la proportion de ce corps.

Recherche du nickel et du cobalt. M. Mazade, pharmacien à Valence (Drôme), a, le premier, indiqué l'existence de plusieurs principes qu'on n'avait pas encore signalés dans les eaux minérales, et notamment le cobalt et le nickel, qu'il a trouvés dans l'eau ferrugineuse de Neyrac, de l'Ardèche.

M. Henry, qui a confirmé, dans un rapport fait à l'Académie, les résultats annoncés par M. Mazade, a poursuivi cette recherche dans d'autres eaux ferrugineuses. Voici le procédé que le savant académicien a proposé, et à l'aide duquel j'ai pu reconnaître facilement dans l'eau d'Orezza la présence du cobalt :

On a traité le dépôt ocracé par l'acide chlorhydrique pur, afin de séparer l'acide silicique, ainsi que la zircône, suivant M. Mazade. La solution acide bien claire a été étendue d'eau distillée, puis on y a ajouté un excès de carbonate de soude pur. Le dépôt qui s'est formé a été exposé à l'air après plusieurs lavages, pour transformer tout le fer en sesquioxyde; ensuite il a été traité par de l'eau distillée chargée d'acide carbonique. On a dissous ainsi la chaux, la magnésie, le cobalt, le nickel, etc., sans attaquer le sesquioxyde de fer. La liqueur acide ayant été décantée, on y a ajouté du mono-sulfure de sodium qui a déterminé, par un contact suffisamment prolongé, la formation d'un dépôt grisâtre. Ce dépôt, recueilli avec soin, a été dissous dans l'eau régale. On a évaporé ensuite jusqu'à siccité la liqueur acide, et le résidu, mêlé avec du borax, puis fortement calciné et fondu, a fourni un verre coloré en *rose violacé*.

Une perle incolore de borate de soude additionnée de la matière du résidu, a donné à la flamme d'oxydation, ainsi qu'à celle de réduction, une couleur rose violacée très-remarquable. Je me suis assuré par l'expérience suivante de la valeur de cette réaction : une perle bleue, obtenue avec du cobalt pur, a pris par l'addition d'une très-petite quantité de sulfate de fer une teinte rose violacée, rappelant exactement la nuance de la perle obtenue avec le dépôt de l'eau minérale d'Orezza.

M. Henry, qui a bien voulu faire cette expérience, a obtenu les mêmes résultats.

Potasse et soude. La potasse et la soude existent dans l'eau d'Orezza à l'état de chlorures; ceux-ci ayant été dissous dans une petite quantité d'eau, on y a ajouté un excès de chlorure de platine, on a évaporé presque à sec, et on a traité le résidu par l'alcool à 83°. Après un contact de quelques heures, on a jeté sur un filtre le chloro-platinate insoluble. On a trouvé la soude dans la liqueur filtrée, et on l'a séparée par les procédés connus. Cette liqueur, qui ne contenait aucune terre alcaline, a donné, d'ailleurs, un précipité blanc par l'antimoniate de potasse, et a communiqué une couleur jaune à la flamme du chalumeau, et à celle de l'esprit de vin.

On a recueilli et analysé le gaz qui s'échappe de la source. A cet effet, un flacon de deux litres a été rempli de gaz, puis porté sur une solution de potasse qui l'a absorbé entièrement.

On s'est assuré, du reste, par les moyens connus, que le gaz combiné avec la potasse était de l'acide carbonique.

Acide carbonique. On a dosé l'acide carbonique libre et l'équivalent de cet acide qui transforme les carbonates en bi-carbonates, en faisant dégager ce gaz par l'ébullition, et en prenant les précautions les plus minutieuses. Un litre d'eau a fourni 1,248 centimètres cubes de gaz, qui a été presque entièrement absorbé par la potasse. Le sel de potasse formé, a été décomposé par l'acide sulfurique, et le gaz qui en est résulté présentait tous les caractères de l'acide carbonique. 1,248 centimètres cubes d'acide carbonique donnent en poids 2,460. En ajoutant à ce chiffre 0,349 d'acide carbonique contenu en combinaison dans la même quantité d'eau, on trouve 2,809 pour un litre d'eau.

Le dosage de cet acide offrant une grande importance, il devenait indispensable d'en déterminer le poids d'une manière rigoureuse. Pour cela, on a ajouté , à la source même, à un volume connu d'eau minérale , un mélange de chlorure de baryum et d'ammoniaque en excès, et le liquide, renfermé dans des flacons bien bouchés, a été adressé au laboratoire du Val-de-Grâce, pour être analysé. On a jeté sur un filtre le précipité, et, après l'avoir lavé avec l'eau ammoniacale, on l'a calciné au rouge faible, et pesé. Comme moyen de vérification , on a déplacé ensuite par l'acide azotique tout l'acide carbonique contenu dans le précipité. On s'est servi pour cela de deux petits ballons communiquant ensemble par un tube en verre, et portant l'un, un tube droit terminé par une boule à son extrémité supérieure et effilé à sa partie inférieure, l'autre, un tube droit pour la sortie de l'acide carbonique. L'acide azotique a été introduit dans la boule, on a pesé l'appareil, et, après la décomposition complète du carbonate de baryte, on a chassé tout l'acide carbonique par un courant d'air, et on a pesé de nouveau l'appareil.

Dans une autre expérience, on a déterminé le volume de l'acide carbonique contenu dans le carbonate de baryte, en introduisant un poids connu de ce sel dans un petit flacon muni de deux tubulures, et le décomposant par un acide puissant. L'une des deux tubulures portait un entonnoir à robinet, recevant une petite éprouvette graduée, destinée à recueillir le gaz. L'acide était versé dans le flacon , à l'aide d'un tube à robinet et surmonté d'un petit entonnoir. Pour chasser tout le gaz, on a rempli d'eau distillée le flacon, et on l'a chauffé légèrement. Le volume du gaz a été ramené ensuite à 0, à la pression de 0,76, et à l'état sec, et on a déduit le poids des carbonates de chaux , de magnésie et de fer de l'acide carbonique libre.

M. Naudin a obtenu 1,870 centimètres cubes d'acide carbonique, et il pense qu'en tenant compte de la perte inévitable qui se fait au moment où l'on recueille l'eau, on peut admettre qu'un litre d'eau contient deux litres d'acide carbonique.

Pendant l'hiver, la proportion d'acide carbonique semble diminuer, sans doute par le mélange des eaux pluviales. Aussi perdent-elles alors, au moins en partie, la saveur aigrelette, piquante et agréable qu'elles ont pendant les chaleurs de l'été.

Il résulte des opérations précédentes, que 1,000 grammes d'eau d'Orezza contiennent :

Acide carbonique libre ou provenant des bi-carbonates.....................	1 litre	248 centil.
Air atmosphérique....................	0	011
Carbonate de chaux....................	0^{gr}	602^{m}
— de magnésie..............	0	074
— de lithine................	traces	très-sensibles.
— de protoxyde de fer.........	0	128
— — de manganèse...	traces	très-sensibles.
— de cobalt................	traces.	
Sulfate de chaux....................	0	021
Chlorure de potassium...............	0	014
— de sodium....................		
Alumine.	0	006
Acide silicique....................	0	004
— arsénique....................	traces.	
Fluorure de calcium....................	traces.	
Matières organiques....................	traces.	
	0^{gr}	849^{m}

On voit que l'eau d'Orezza peut être considérée comme une sorte d'eau de Seltz ferrugineuse. Elle est très-remarquable par la proportion élevée d'acide carbonique, de carbonate de fer et de manganèse qu'elle contient. Parmi les eaux ferrugineuses, aucune ne peut lui être comparée. Les eaux de Forges, de Passy, de Pyrmont, d'Egra, de Cransac, lui sont inférieures ; quelques-unes contiennent, il est vrai, plus de fer, mais elles ne renferment qu'une faible proportion d'acide carbonique ; aussi leur saveur est amère et styptique, et elles ne possèdent pas les propriétés thérapeutiques des eaux gazeuses.

L'eau d'Orezza contient beaucoup plus d'acide carbonique et de carbonate de fer que l'eau de Spa, dont la réputation est européenne. En effet, on ne trouve dans celle-ci pour 1000 d'eau que 0,86 centilitres d'acide carbonique, et 0,077 milligrammes de carbonate de fer. L'eau de Vichy elle-même est inférieure à l'eau d'Orezza par la quantité d'acide carbonique, puisque, d'après l'analyse de MM. Berthier et Puvis, elle ne renferme que 1,149 d'acide carbonique par litre.

Emploi.—Ces eaux ne sont employées qu'en boisson. La présence d'une proportion considérable d'acide carbonique libre, et de bi-carbonates, les rend plus assimilables et permet aux malades d'en boire une grande quantité. D'après le témoignage des médecins inspecteurs et de tous les médecins du pays, ces eaux sont d'une énergie surprenante ; elles rendent les digestions plus faciles, augmentent l'appétit, et donnent aux organes de la vigueur et de l'agilité. Le pouls devient plus fort, le visage se colore, et il n'est pas rare d'observer des étourdissements, lorsque l'usage de ces eaux a été prolongé. Les eaux d'Orezza sont particulièrement utiles dans la chlorose, les engorgements des vicères abdominaux, les flueurs blanches, les affections anciennes du tube digestif, et généralement dans toutes les maladies qui proviennent de la faiblesse des organes.

www.ingramcontent.com/pod-product-compliance
Lightning Source LLC
LaVergne TN
LVHW051148060726

842526LV00006B/2271